湖北省地方标准

装配整体式叠合剪力墙结构施工 及质量验收规程

Code of practice for construction and quality acceptance of monolithic precast concrete superposed shear wall structures

DB42/T 1729—2021

批准部门：湖北省住房和城乡建设厅
湖北省市场监督管理局
实施日期：2021年12月06日

U0302080

武汉理工大学出版社
武 汉

图书在版编目(CIP)数据

　　装配整体式叠合剪力墙结构施工及质量验收规程/湖北省住房和城乡建设厅,湖北省市场监督管理局编.—武汉：武汉理工大学出版社,2022.6
　　ISBN 978-7-5629-6611-1

　　Ⅰ.①装…　Ⅱ.①湖…　②湖…　Ⅲ.①装配式混凝土结构-剪力墙结构-工程质量-工程验收-规程-湖北　Ⅳ.①TU398-65

中国版本图书馆 CIP 数据核字(2022)第 091631 号

湖北省地方标准

装配整体式叠合剪力墙结构施工及质量验收规程

Code of practice for construction and quality acceptance of
monolithic precast concrete superposed shear wall structures

DB42/T 1729—2021

*

武汉理工大学出版社出版、发行

各地新华书店、建筑书店经销

武汉芳华时代图文设计有限公司制版

武汉兴和彩色印务有限公司印刷

*

开本:850×1168毫米　1/32　印张:2.75　字数:77千字

2022年6月第一版　　2022年6月第一次印刷

定价:40.00元

前　言

本文件按照《标准化工作导则第 1 部分:标准的结构和编写》(GB/T 1.1—2020)给出的规则起草。

请注意本文件的某些内容可能涉及专利。本文件的发布机构不承担识别专利的责任。

本文件由湖北省住房和城乡建设厅提出并归口管理。

本文件起草单位:美好建筑装配科技有限公司、武汉理工大学、武汉建工集团股份有限公司、中建三局绿色产业投资有限公司、中信建筑设计研究总院有限公司、湖北省建筑工程质量监督检验测试中心、长江勘测规划设计研究有限责任公司、湖北省工业建筑集团有限公司、中建三局第一建设工程有限责任公司、富利建设集团有限公司。

本文件主要起草人:谷倩、邹伟琦、谭园、王爱勋、温四清、刘献伟、刘士清、张浪、彭波、田水、柯杨、高洪远、陈骏、李涛、欧阳惠、陈初一、谢怡、李忠涛、顾辰欢、肖平、徐洪。

本文件实施应用中如有疑问,可咨询湖北省住房和城乡建设厅,联系电话:027-68873088,邮箱:407483361@qq.com。执行过程中如有意见和建议,请反馈至美好建筑装配科技有限公司(地址:湖北省武汉市汉阳区马鹦路 191 号美好广场 35 楼,邮政编码:430050,邮箱:jsbz@000667.cn,联系电话:027-68870015)。

目　　次

1 范　　围

本文件规定了装配整体式叠合剪力墙结构施工及质量验收的技术要求。

本文件适用于湖北省装配整体式叠合剪力墙结构工程的生产、运输、施工安装和质量验收。

2 规范性引用文件

下列文件中的内容通过文中的规范性引用而构成本文件必不可少的条款。其中,注日期的引用文件,仅该日期对应的版本适用于本文件;不注日期的引用文件,其最新版本(包括所有的修改单)适用于本文件。

GB/T 1499.2 《钢筋混凝土用钢 第2部分:热轧带肋钢筋》

GB 12523 《建筑施工场界环境噪声排放标准》

GB/T 14683 《硅酮和改性硅酮建筑密封胶》

GB 50017 《钢结构设计标准》

GB/T 50107 《混凝土强度检验评定标准》

GB 50204 《混凝土结构工程施工质量验收规范》

GB 50205 《钢结构工程施工质量验收标准》

GB 50210 《建筑装饰装修工程质量验收标准》

GB 50300 《建筑工程施工质量验收统一标准》

GB/T 50640 《建筑工程绿色施工评价标准》

GB 50666 《混凝土结构工程施工规范》

GB/T 50784 《混凝土结构现场检测技术标准》

GB/T 50905 《建筑工程绿色施工规范》

GB/T 51231 《装配式混凝土建筑技术标准》

JGJ 18 《钢筋焊接及验收规程》

JGJ 33 《建筑机械使用安全技术规程》

JGJ 46 《施工现场临时用电安全技术规范》

JGJ 80 《建筑施工高处作业安全技术规范》

JGJ 107 《钢筋机械连接技术规程》

JGJ 169 《清水混凝土应用技术规程》

JC/T 881 《混凝土接缝用建筑密封胶》

3 术语和定义

3.0.1 预制叠合墙板 precast superposed wall panel

　　由内、外叶预制混凝土板通过钢筋桁架或连接件连接形成的带中间空腔的预制混凝土墙板。在预制叠合墙板的空腔中浇混凝土后,可以用作剪力墙或非承重围护墙,简称叠合墙板。

3.0.2 双面叠合剪力墙 double-side superposed shear wall

　　两侧预制板均参与叠合,与中间空腔的后浇混凝土共同受力形成的叠合剪力墙。

3.0.3 单面叠合剪力墙 single-side superposed shear wall

　　两侧预制板中,仅一侧预制板参与叠合,与中间空腔的后浇混凝土共同受力而形成的叠合剪力墙;另一侧的预制板不参与结构受力,仅作为施工时的一侧模板或保温层的外保护板。

3.0.4 连接钢筋 connecting reinforcement

　　连接钢筋用于叠合墙板水平接缝和竖向接缝的连接,包括水平连接钢筋和竖向连接钢筋。

3.0.5 抗裂检验系数 coefficient of crack resisting inspection

　　试件开裂荷载实测值与正常使用极限状态荷载标准值的比值。

3.0.6 承载力检验系数 coefficient of bearing capacity inspection

　　试件极限荷载实测值与承载能力极限状态荷载设计值的比值。

4 总　　则

4.0.1 湖北省装配整体式叠合剪力墙结构施工及质量验收管理应遵循安全适用、质量可靠、经济合理、节能环保的原则。

4.0.2 装配整体式叠合剪力墙结构建筑应遵循建筑全寿命周期的可持续性原则,做到标准化设计、工厂化生产、装配化施工、一体化装修、信息化管理和智能化应用。

4.0.3 装配整体式叠合剪力墙结构的施工应加强预制构件生产、施工过程中的质量验收环节。

5 基 本 规 定

5.0.1 装配整体式叠合剪力墙结构预制构件生产、施工及质量验收前,应编制实施方案。

5.0.2 装配整体式叠合剪力墙结构预制构件生产单位应有产品质量控制标准,以及职业健康安全、环境管理、施工质量控制及检验制度,并应配备材料性能检测试验室。

5.0.3 装配整体式叠合剪力墙结构施工单位应具备健全的质量管理体系、技术标准、相应的施工组织方案和施工质量控制及检验制度。

5.0.4 装配整体式叠合剪力墙结构应进行构件的深化设计,深化设计应符合国家现行标准的规定,满足建筑模数、连接节点、接缝等要求,并应经原设计单位认可。

5.0.5 预制构件安装施工前,应编制专项施工方案,并按设计要求对各工况进行施工验算和施工技术交底。

5.0.6 装配整体式叠合剪力墙结构工程项目宜采用 EPC 工程总承包管理模式。

6 预制构件生产和检验

6.1 一般规定

6.1.1 砂、石、水泥、钢筋等原材料及配件在使用前应按照国家现行相关标准、设计文件进行进厂检验。检验批划分应符合《装配式混凝土建筑技术标准》GB/T 51231 的规定。

6.1.2 预制构件的生产设施、设备应符合环保要求,混凝土搅拌与砂石堆场宜建立封闭设施,无封闭设施的砂石堆场应建立防扬尘及喷淋设施;混凝土生产余料、废弃物应综合利用,生产污水应经处理后排放。

6.1.3 预制构件生产前应制定相应的质量管控计划、生产进度计划、材料要求、工序控制和产品质量及检验要求,并应进行技术交底。

6.1.4 预制构件生产前应完成深化设计,深化设计文件应包括以下内容:

　　a) 预制构件平面布置图、模板图、配筋图、安装图、预埋件及细部构造图;

　　b) 带有饰面板材的构件应绘制饰面板材排板图;

　　c) 单面叠合剪力墙应绘制内、外叶墙板连接件布置图和保温板排板图;

　　d) 预制构件脱模和翻转过程中构件的承载力和变形验算、吊具及预埋吊件的承载力验算。

6.1.5 预制构件生产过程中应进行交接检验,当上道工序质量检验结果不符合国家现行标准规定和设计文件要求时,不应进行下道工序的生产。

6.1.6 带有表面装饰的预制墙板构件,其质量应符合《建筑装饰装修工程质量验收标准》GB 50210 的规定。

6.1.7 预制构件生产工厂应建立构件标识系统,标识系统应满足唯一性要求。对于检验合格的预制构件,应设置表面标识,标识内容应包括项目名称、使用部位、构件编号、产品规格、生产厂家名称、预制混凝土强度等级、生产日期、检验人员代号、检验部门印章等。

6.1.8 预制构件和部品应对首件进行检验和验收。预制构件和部品出厂时,应出具产品质量证明文件。

6.1.9 对不合格构件,应使用明显标志在构件显著位置进行标识。不合格构件应单独存放、集中处理,并远离合格构件存放区域。

6.1.10 施工单位或监理单位应委派代表驻厂监造,对预制构件和部品的生产、检验及验收环节进行质量监督和控制。

6.1.11 预制构件出厂前应按照附录 A 进行质量验收。

6.2 生 产 制 作

6.2.1 钢筋网片和钢筋骨架的尺寸偏差应符合表 1 的规定,钢筋桁架的尺寸偏差应符合表 2 的规定。

表 1 钢筋网片和钢筋骨架的尺寸允许偏差和检验方法

项目		允许偏差（mm）	检验方法
钢筋网片	长、宽	±5	钢尺检查
	网眼尺寸	±10	钢尺量连续三档,取最大值
	对角线	5	钢尺检查
	端头不齐	5	钢尺检查
钢筋骨架	长	0,−5	钢尺检查
	宽	±5	钢尺检查
	高（厚）	±5	钢尺检查
	主筋间距	±10	钢尺量两端、中间各一点,取最大值
	主筋排距	±5	钢尺量两端、中间各一点,取最大值
	箍筋间距	±10	钢尺量连续三档,取最大值

续表1

项目		允许偏差 (mm)	检验方法
钢筋骨架	弯起点位置	15	钢尺检查
	端头不齐	5	钢尺检查
	保护层 柱、梁	±5	钢尺检查
	保护层 板、墙	±3	钢尺检查

表2 钢筋桁架的尺寸允许偏差

项次	检验项目	允许偏差(mm)
1	长度	总长度的±0.3%,且不超过±10
2	高度	+1,−3
3	宽度	±5
4	扭翘	≤5

6.2.2 预制构件上的预埋件和预留孔洞宜通过模具进行定位,并安装牢固,其安装偏差应符合表3的规定。

表3 模具上预埋件、预留孔洞的安装允许偏差和检验方法

项次	检验项目		允许偏差 (mm)	检验方法
1	预埋钢板、建筑幕墙用槽式预埋组件	中心线位置	3	用尺量测纵横两个方向的中心线位置,记录其中较大值
		平面高差	±2	钢直尺和塞尺检查
2	预埋管、电线盒、电线管水平和垂直方向的中心线位置偏移、预留孔		2	用尺量测纵横两个方向的中心线位置,记录其中较大值
3	插筋	中心线位置	3	用尺量测纵横两个方向的中心线位置,记录其中较大值
		外露长度	+10,0	用尺量测

项次	检验项目		允许偏差（mm）	检验方法
4	吊环	中心线位置	3	用尺量测纵横两个方向的中心线位置,记录其中较大值
		外露长度	0,-5	用尺量测
5	预埋螺栓	中心线位置	2	用尺量测纵横两个方向的中心线位置,记录其中较大值
		外露长度	+5,0	用尺量测
6	预埋螺母	中心线位置	2	用尺量测纵横两个方向的中心线位置,记录其中较大值
		平面高差	±1	钢直尺和塞尺检查
7	预留孔洞	中心线位置	3	用尺量测纵横两个方向的中心线位置,记录其中较大值
		尺寸	+3,0	用尺量测纵横两个方向尺寸,取其较大值

6.2.3 钢筋网片、钢筋骨架和钢筋桁架应检查合格后方可进行安装,入模时应采用专用钢筋定位件,并应符合下列规定:

a）钢筋表面不得有油污及锈蚀。

b）钢筋桁架应采用多吊点的专用吊架进行吊运,钢筋桁架入模时应平直、无损伤。

c）混凝土保护层厚度应满足设计要求。保护层垫块宜与钢筋桁架或网片安装牢固,按梅花状布置,间距满足钢筋限位及控制变形要求。

6.2.4 门框和窗框安装位置应逐件检验,允许偏差应符合表 4 的规定。

表 4　门框和窗框安装允许偏差和检验方法

项　　　目		允许偏差（mm）	检验方法
锚固脚片	中心线位置	5	钢尺检查
	外露长度	+5,0	钢尺检查
门窗框位置		2	钢尺检查
门窗框高、宽		±2	钢尺检查
门窗框对角线		±2	钢尺检查
门窗框的平整度		2	靠尺检查

6.2.5 混凝土应进行抗压强度检验,取样地点、频率和数量应符合下列规定:

a) 混凝土检验试件应在浇筑地点取样制作。

b) 每 100 盘且不超过 100 m³ 的同一配合比混凝土,取样次数不应少于一次。

c) 每工作班拌制的同一配合比混凝土不足 100 盘时,其取样次数不应少于一次。

d) 每批制作强度检验试件不少于 3 组,随机抽取 1 组进行标准养护后进行强度检验,其余可作为同条件试件在预制构件脱模和出厂时控制其混凝土强度;还可根据预制构件吊装要求,留置足够数量的同条件混凝土试块进行强度检验。

e) 蒸汽养护的预制构件,其强度评定混凝土试块应随同构件蒸养后,再转入标准条件养护。构件脱模起吊的混凝土同条件试块,其养护条件应与构件生产中采用的养护条件相同。

6.3　预制构件成型与养护

6.3.1 预制构件浇筑成型前,模具、脱模剂、钢筋、混凝土保护层、线盒及配件、预埋管道和预埋件等应进行隐蔽工程检查,应符合国家现行标准和设计文件规定后方可浇筑混凝土。

6.3.2 混凝土浇筑应符合下列规定：

a）混凝土浇筑前，预埋件及预留钢筋的外露部分宜采取防止污染的措施。

b）混凝土倾落高度不宜大于 500 mm，并应均匀摊铺。

c）混凝土浇筑应连续进行。

d）混凝土从出机到浇筑完毕的延续时间，气温高于 25 ℃时不宜超过 60 min，气温不高于 25 ℃时不宜超过 90 min。

6.3.3 混凝土振捣应符合下列规定：

a）混凝土宜采用机械振捣方式成型。振捣设备应根据混凝土的品种、工作性、预制构件的规格和形状等因素确定；应制定振捣成型操作规程。

b）当采用振捣棒时，混凝土振捣过程中不应碰触钢筋骨架、面砖和预埋件。

c）混凝土振捣过程中应随时检查模具有无漏浆、变形，预埋件有无移位等现象。

6.3.4 单面叠合剪力墙宜采用具有低导热性能的专用连接件连接内、外叶预制混凝土板，其数量、间距及布置形式应满足设计要求。

6.3.5 清水混凝土预制构件的制作及质量应符合《清水混凝土应用技术规程》JGJ 169 的规定。

6.3.6 预制构件混凝土浇筑完毕后应及时进行养护，养护方式可采用自然养护、化学保护膜养护和蒸汽养护等养护方式。叠合楼板、叠合墙板等厚度小于 100 mm 的预制混凝土构件或冬期生产的预制混凝土构件宜采用蒸汽养护。蒸汽养护过程应符合下列规定：

a）异型构件预养护时间不应小于 6 h，并采用薄膜覆盖或加湿等措施防止预制构件干燥。

b）应合理控制升温、降温速度和最高温度，升温速率应为 10～20 ℃/h，降温速率不应大于 10 ℃/h。

c）叠合楼板、叠合墙板等厚度小于 100 mm 的预制构件或冬期生产的预制构件,最高养护温度为 50 ℃;持续养护时间不应小于 8 h,并采用薄膜覆盖或加湿等措施防止预制构件干燥。

　　d) 预制构件脱模时的表面温度与环境温度的差值不宜超过 20 ℃。构件脱模后,当混凝土表面温度与环境温差超过 20 ℃时,应立即覆膜养护。

6.3.7 预制混凝土构件应依据顺序拆除模具,严禁使用振动方式拆模。脱模起吊前应进行脱模验算,并满足下列要求:

　　a) 预制构件脱模起吊时,混凝土抗压强度不应小于混凝土设计强度的 75%,且不应小于 15 MPa。

　　b) 预应力混凝土构件脱模时的混凝土抗压强度不应小于混凝土设计强度的 75%,且不应小于 30 MPa。

6.4 预制构件检验

6.4.1 预制构件生产时应采取措施避免出现外观质量缺陷。外观质量缺陷根据其影响结构性能、安装和使用功能的严重程度,可按表 5 规定划分为严重缺陷和一般缺陷。

表 5　预制构件外观质量缺陷分类

名称	现象	严重缺陷	一般缺陷
露筋	构件内钢筋未被混凝土包裹而外露	纵向受力钢筋有露筋	其他钢筋有少量露筋
蜂窝	混凝土表面缺少水泥砂浆而形成石子外露	构件主要受力部位有蜂窝	其他部位有少量蜂窝
孔洞	混凝土孔穴深度和长度均超过保护层厚度	构件主要受力部位有孔洞	其他部位有少量孔洞
夹渣	混凝土中夹有杂物且深度超过保护层厚度	构件主要受力部位有夹渣	其他部位有少量夹渣
疏松	混凝土中局部不密实	构件主要受力部位有疏松	其他部位有少量疏松

名称	现象	严重缺陷	一般缺陷
裂缝	缝隙从混凝土表面延伸至混凝土内部	构件主要受力部位有影响结构性能或使用功能的裂缝	其他部位有少量不影响结构性能或使用功能的裂缝
连接部位缺陷	构件连接处混凝土有缺陷及连接钢筋、连接件松动,插筋严重锈蚀、弯曲	连接部位有影响结构传力性能的缺陷	连接部位有基本不影响结构传力性能的缺陷
外形缺陷	缺棱掉角、棱角不直、翘曲不平、飞出凸肋等;装饰面砖粘结不牢、表面不平、砖缝不顺直等	清水或具有装饰的混凝土构件内有影响使用功能或装饰效果的外形缺陷	其他混凝土构件有不影响使用功能的外形缺陷
外表缺陷	构件表面麻面、掉皮、起砂、沾污等	具有重要装饰效果的清水混凝土构件有外表缺陷	其他混凝土构件有不影响使用功能的外表缺陷

6.4.2 预制构件出模后应及时对其外观质量进行全数目测检查。预制构件外观质量不应有缺陷,对存在严重缺陷的预制构件应制定技术处理方案进行处理并重新检验,仍不合格的严禁出厂,对出现的一般缺陷应进行修整并达到合格。

6.4.3 预制构件不应有影响结构性能、安装和使用功能的尺寸偏差。对超过尺寸允许偏差且影响结构性能和安装、使用功能的部位应经原设计单位认可,制定技术处理方案进行处理,并重新检查验收。

6.4.4 预制构件尺寸偏差及预留孔、预留洞、预埋件、预留插筋的位置和检验方法应符合表 6 和表 7 规定。预制构件有粗糙面时,与预制构件粗糙面相关的尺寸允许偏差可放宽 1.5 倍。

表6 预制楼板类构件外形尺寸的允许偏差及检验方法

项次	检查项目			允许偏差（mm）	检验方法
1	规格尺寸	长度	＜12 m	±5	用尺量两端及中部,取其中偏差绝对值的较大值
			≥12 m 且＜18 m	±10	
			≥18 m	±20	
2		宽度		±5	用尺量两端及中部,取其中偏差绝对值的较大值
3		厚度		±5	用尺量板四角和四边中部位置共 8 处,取其中偏差绝对值的较大值
4	外形	对角线差		6	在构件表面,用尺量测两对角线的长度,取其绝对值的差值
5		表面平整度	内表面	4	用 2 m 靠尺安放在构件表面上,用楔形塞尺量测靠尺与表面之间的最大缝隙
			外表面	3	
6		楼板侧向弯曲		L/750 且 ≤20 mm	拉线,用钢尺量最大弯曲处
7		扭翘		L/750	四对角拉两条线,量测两线交点之间的距离,其值的 2 倍为扭翘值

14

项次	检查项目			允许偏差（mm）	检验方法
8	预埋部件	预埋钢板	中心线位置偏差	5	用尺量测纵横两个方向的中心线位置，记录其中较大值
			平面高差	0，−5	用尺紧靠在预埋件上，用楔形塞尺量测预埋件平面与混凝土面的最大缝隙
9		预埋螺栓	中心线位置偏移	2	用尺量测纵横两个方向的中心线位置，记录其中较大值
			外露长度	+10，−5	用尺量
10		预埋线盒、电盒	在构件平面的水平方向中心位置偏差	10	用尺量
			与构件表面混凝土高差	0，−5	用尺量
11	预留孔		中心线位置偏移	5	用尺量测纵横两个方向的中心线位置，记录其中较大值
			孔尺寸	±5	用尺量测纵横两个方向的中心线位置，记录其中较大值
12	预留洞		中心线位置偏移	5	用尺量测纵横两个方向的中心线位置，记录其中较大值
			洞口尺寸、深度	±5	用尺量测纵横两个方向的中心线位置，记录其中较大值

续表6

项次		检查项目	允许偏差（mm）	检验方法
13	预留插筋	中心线位置偏移	3	用尺量测纵横两个方向的中心线位置,记录其中较大值
		外露长度	±5	用尺量
14	吊环	中心线位置偏移	10	用尺量测纵横两个方向的中心线位置,记录其中较大值
		留出高度	0,−10	用尺量
15		桁架筋高度	+5,0	用尺量

表7 叠合墙板外形尺寸允许偏差及检验方法

项次		检查项目	允许偏差（mm）	检验方法
1	规格尺寸	高度	±4	用尺量两端及中部,取其中偏差绝对值较大值
2		宽度	±4	用尺量两端及中部,取其中偏差绝对值较大值
3		厚度	±3	用尺量板四角和四边中部位置共8处,取其中偏差绝对值的较大值
4		对角线差	5	在构件表面,用尺量测两对角线的长度,取其绝对值的差值

16

项次	检查项目			允许偏差（mm）	检验方法
5	上下双层相对位置偏差			5	用尺量,取最大值
6	外形	表面平整度	内表面	4	用 2 m 靠尺安放在构件表面,用楔形塞尺量测靠尺与表面之间的最大间隙
			外表面	3	
7		侧向弯曲		L/1000 且 ≤20 mm	拉线,用钢尺量最大弯曲处
8		扭翘		L/1000	四对角拉两条线,量测两线交点之间的距离
9	预埋部件	预埋钢板	中心线位置偏移	5	用尺量纵横两个方向的中心线位置,记录其中较大值
			平面高差	0,−5	用尺紧靠在预埋件上,用楔形塞尺量测预埋件表面与混凝土面的最大间隙
10		预埋螺栓	中心线位置偏移	2	用尺量纵横两个方向的中心线位置,记录其中较大值
			外露长度	10,−5	用尺量
11		预埋线盒、电盒	构件平面的水平方向中心线位置偏差	10	用尺量
			与构件表面混凝土高差	0,−5	用尺量
12		预埋套筒、螺母	中心线位置偏移	2	用尺量纵横两个方向的中心线位置,记录其中较大值
			平面高差	0,−5	用尺紧靠在预埋件上,用楔形塞尺量测预埋件表面与混凝土面的最大间隙

项次		检查项目	允许偏差（mm）	检验方法
13	预留孔	中心线位置偏移	5	用尺量纵横两个方向的中心线位置,记录其中较大值
		孔尺寸	±5	用尺量纵横两个方向的尺寸,记录其中较大值
14	预留洞	中心线位置偏移	5	用尺量纵横两个方向的中心线位置,记录其中较大值
		洞口尺寸、深度	±5	用尺量纵横两个方向的尺寸,记录其中较大值
15	预留插筋	中心线位置偏移	3	用尺量纵横两个方向的中心线位置,记录其中较大值
		外露长度	±5	用尺量
16	吊环	中心线位置偏移	10	用尺量纵横两个方向的中心线位置,记录其中较大值
		与构件表面混凝土高差	0,−10	用尺量

6.4.5 预制构件的预埋件、插筋、预留孔的规格、数量应满足设计要求。

检查数量:全数检验。

检验方法:观察和量测。

6.4.6 预制构件的粗糙面或键槽成型质量应满足设计要求。

检查数量:全数检验。

检验方法:观察和量测。

6.4.7 夹芯墙板的内外叶墙板之间的拉结件类别、数量、使用位置及性能应符合设计要求。

检查数量：按同一工程、同一工艺的预制构件分批抽样检验。

检验方法：检查试验报告单、质量证明文件及隐蔽工程检查记录。

6.4.8 夹芯保温外墙板用的保温材料类别、厚度、位置及性能应满足设计要求。

检查数量：按批检查。

检验方法：观察、量测，检查保温材料质量证明文件及检验报告。

6.4.9 混凝土强度应符合设计文件及国家现行标准的规定。

检查数量：按构件生产批次在混凝土浇筑地点随机抽取标准养护试件，取样频率应符合本文件的规定。

检验方法：应符合《混凝土强度检验评定标准》GB/T 50107的规定。

6.4.10 预制构件检验合格后，生产企业应出具产品质量合格证，并在产品合格证和构件上标记工程名称、构件编号、制作日期、合格状态、生产单位等标识信息。

7 预制构件运输与存放

7.1 一般规定

7.1.1 应根据预制构件的种类、规格、质量等参数制定构件运输和存放方案。其内容应包括运输时间、次序、存放场地、运输线路、固定要求、存放支垫及成品保护措施等内容。

7.1.2 施工现场内道路应根据构件运输车辆设置合理的转弯半径和道路坡度,且应满足重型构件运输车辆通行的承载力要求。

7.1.3 预制构件的存放场地宜为混凝土硬化地面,满足平整度和地基承载力要求,并应有排水措施,堆放预制构件时应使构件与地面之间留有一定空隙。

7.1.4 预制构件出厂前应完成相关的质量检验,检验合格的预制构件方可运输出厂。

7.1.5 运输前应确认构件出厂时的混凝土抗压强度不低于设计强度的 75%。

7.2 预制构件运输

7.2.1 预制构件运输过程中,应根据构件种类采取可靠固定措施防止构件移动、倾倒、变形、损坏等;对于超高、超宽、形状特殊的预制构件的运输与存放应制定专门的质量安全保证措施。预制构件运输过程中宜采取下列防护措施:

    a) 托架、车厢板和预制混凝土构件之间应放入柔性材料,构件边角或链索接触部位的混凝土应采用柔性垫衬材料保护;

    b) 外墙门框、窗框和带外装饰材料的表面应采用塑料贴膜防护措施;

    c) 预埋线盒、预埋螺栓孔等应采取保护措施;

d）装箱运输时，箱内四周采用木材或柔性垫片填实，支撑牢固。

7.2.2 预制墙板应采用直立方式运输，并应采用专用车辆和托架，托架应具有足够的承载力和刚度，同时采取防止倾覆措施。

7.2.3 预制叠合楼板、预制阳台板、预制楼梯、预制梁等构件可采用平放运输，支垫位置和数量应经过计算确定。

7.3 预制构件存放

7.3.1 预制构件运送到施工现场后，应按规格、品种、所用部位、吊装顺序分类堆放。经进场检验合格的预制构件，应按安装位置和安装顺序存放，并有明确的标记。构件堆垛之间应设置通道，通道宽度不宜小于 0.8 m。

7.3.2 叠合墙板应采取竖立方式存放，与地面倾斜角度不宜小于80°，并采用木垫块隔离。

7.3.3 预制楼板、预制阳台板、预制楼梯等构件应分型号采取水平分层堆放，预制楼板每垛不应超过 6 块，预制阳台板每垛不应超过 4 块，预制楼梯每垛不应超过 3 块。每层构件间应垫平、垫实，每层垫块应上下对齐，最下面一层支垫应通长设置。

7.3.4 构件起吊时应拆除与存放处相邻构件的连接，并将相邻构件支撑牢固。起吊时需保持构件稳定，慢速起吊并注意观察，下落时宜平缓，落架时应防止构件摇摆碰撞，损坏构件棱角或表面。

8 主体结构施工

8.1 一般规定

8.1.1 装配整体式叠合剪力墙结构的预制构件施工应编制专项施工方案。

8.1.2 装配整体式叠合剪力墙结构施工前,应进行施工验算。施工验算包括下列内容:

  a) 预制构件在运输、堆放及吊装过程中按相应工况进行承载力和裂缝验算;

  b) 预制构件安装过程中,在施工临时荷载作用下预制构件支撑系统和临时固定装置的承载力验算;

  c) 吊装设备的吊装能力验算。

8.1.3 未经设计允许,不得对预制构件进行切割、开洞。施工前,应对预制构件中所涉及的各专业预留洞口、预埋件进行核对。

8.1.4 装配整体式叠合剪力墙结构施工过程中应采取安全措施,并应符合《建筑施工高处作业安全技术规范》JGJ 80、《建筑机械使用安全技术规程》JGJ 33 和《施工现场临时用电安全技术规范》JGJ 46 的规定。

8.1.5 安装作业人员应经过专业培训。

8.1.6 预制构件采用的斜支撑和竖向支撑应按照专项施工方案进行布设,不应采用单点支撑。

8.1.7 进行上一层构件的吊装时,叠合楼板后浇层混凝土的抗压强度不应小于 10 MPa,且应具有足够的支撑;当有具体设计要求时,尚应满足设计要求。

8.1.8 每层叠合墙板安装后,混凝土浇筑前应进行隐蔽工程的验收,并有完整的质量控制及验收资料。安装施工与质量检验除应符合本文件要求外,还应符合《混凝土结构工程施工质量验收规范》GB 50204 和《装配式混凝土建筑技术标准》GB/T 51231 的规定。

8.2 整体施工工艺流程

8.2.1 装配整体式叠合剪力墙结构施工可采用图 1 所示施工工艺流程。

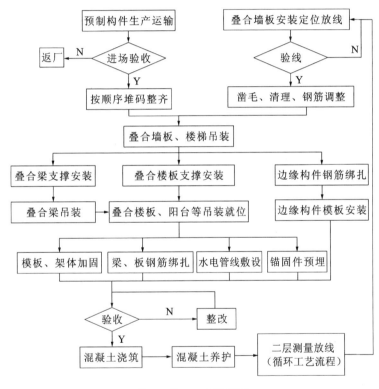

图 1 施工工艺流程图

8.3 安装准备

8.3.1 安装施工前,应核查已施工完成结构的混凝土强度、外观质量、尺寸偏差等是否符合《混凝土结构工程施工质量验收规范》GB 50204、《装配式混凝土建筑技术标准》GB/T 51231 和本文件的规定，并应核对预制构件的混凝土强度、预制构件及配件的型号、规格和数量。

8.3.2 预制构件吊装前，应做好下列准备工作：

  a) 测量放线、设置构件安装定位标志；

  b) 复核构件装配位置、节点连接构造及临时支撑设置等；

  c) 检查复核吊装设备及吊具处于安全操作状态；

  d) 核实现场环境、天气、道路状况是否满足吊装施工要求；

  e) 根据预制构件的单件重量、形状、安装高度、吊装现场条件来确定起重机械型号与配套吊具，起重机械的起升工作半径应覆盖吊装区域。

8.3.3 装配整体式叠合剪力墙结构施工前，应选择有代表性的拼装单元进行预制构件试安装，并应根据试安装结果及时调整与完善施工方案和施工工艺。

8.4 叠合墙板安装施工

8.4.1 叠合墙板安装宜采用下列施工工艺流程：

  测量放线→接茬部位凿毛冲洗→检查调整墙体竖向连接钢筋→安装水平标高控制垫块→墙板吊装就位→安装固定墙板斜支撑→现浇部位钢筋绑扎→现浇部位支模→接缝处理→检查验收→墙板空腔混凝土浇筑。

8.4.2 叠合墙板安装前应检查竖向连接钢筋预留位置、规格、数量、外露长度和混凝土保护层厚度，并整理扶正，清除浮浆。

8.4.3 竖向连接钢筋预埋时应采取定位措施，竖向连接钢筋距离叠合墙空腔内壁净间距不应小于 15 mm；双面叠合墙竖向连接钢筋(图 2)沿墙厚方向最小净间距不宜小于 40 mm，单面叠合墙竖向连接钢筋(图 3)沿墙厚方向最小净间距不宜小于 80 mm；竖向连接钢筋在上、下层墙板中的锚固长度不应小于 $1.2l_{aE}$。

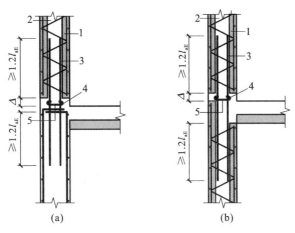

图 2 双面叠合剪力墙竖向连接钢筋示意

（a）现浇与叠合剪力墙；（b）叠合剪力墙（等厚）

1—预制部分；2—后浇部分；3—竖向连接钢筋；

4—接缝处水平钢筋；5—接缝处拉筋；Δ—接缝高度

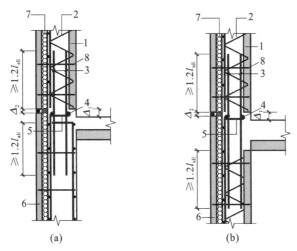

图 3 单面叠合剪力墙竖向连接钢筋示意

（a）现浇与叠合剪力墙；（b）叠合剪力墙（等厚）

1—预制部分；2—后浇部分；3—竖向连接钢筋；4—接缝处水平钢筋；5—接缝处拉筋；

6—外叶板；7—保温层；8—连接件；Δ₁—内叶板接缝高度；Δ₂—外叶板接缝高度

8.4.4 为确保水平接缝处混凝土密实,双面叠合剪力墙水平接缝高度 Δ 和单面叠合剪力墙内叶板水平接缝高度 Δ_1 均不应小于 50 mm;单面叠合剪力墙外叶板水平接缝高度 Δ_2 不宜小于 20 mm。

8.4.5 叠合墙板吊装应符合下列规定:

a) 应按照安装图和安装顺序进行吊装,宜从离吊车或塔吊最远的构件开始起吊;

b) 吊装时宜采用缓冲装置;

c) 落吊时应缓慢地将墙板放置在垫片上,调整平面位置。

8.4.6 叠合墙板斜支撑的安装、固定应符合下列规定:

a) 叠合墙板的临时支撑不宜少于 2 道;

b) 对叠合墙的上部斜支撑,其支撑点距离板底的距离不宜小于构件高度的 2/3,且不应小于构件高度的 1/2,斜支撑应与构件可靠连接;

c) 构件安装就位后,可通过临时支撑对构件的位置和垂直度进行微调;

d) 斜支撑预埋件应采取可靠措施确保定位准确,安装牢固。

8.4.7 叠合墙板安装就位后,进行边缘构件后浇混凝土部位的钢筋安装。

8.4.8 边缘构件阴影区域宜采用现浇混凝土,后浇段内应设置封闭箍筋,并在后浇段与叠合墙板之间采用水平连接钢筋连接,水平连接钢筋应按规范要求绑扎牢固,且伸入叠合墙板的锚固长度不应小于 $1.2l_{aE}$(图 4、图 5、图 6 和图 7)。

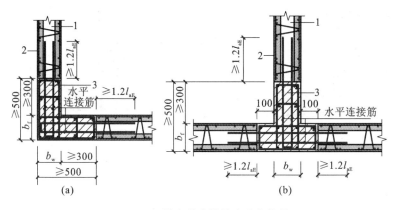

图 4　双面叠合剪力墙约束边缘构件

（a）转角墙；（b）有翼墙

1—后浇部分；2—双面叠合剪力墙；3—后浇段

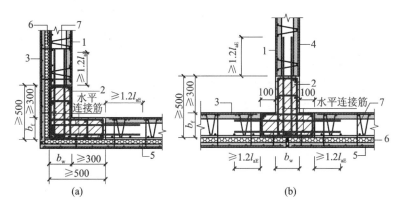

图 5　单面叠合剪力墙约束边缘构件

（a）转角墙；（b）有翼墙

1—预制部分；2—后浇段；3—单面叠合剪力墙；

4—双面叠合剪力墙；5—外叶板；6—保温层；7—连接件

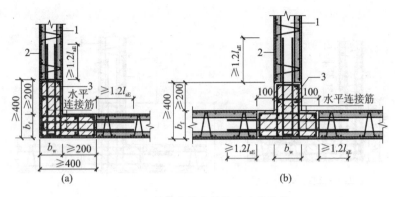

图 6　双面叠合剪力墙构造边缘构件

（a）转角墙；（b）有翼墙

1—后浇部分；2—双面叠合剪力墙；3—后浇段

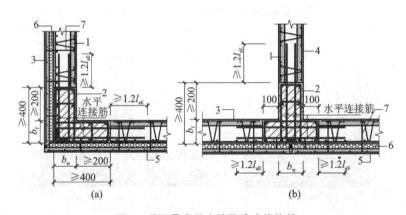

图 7　单面叠合剪力墙构造边缘构件

（a）转角墙；（b）有翼墙

1—预制部分；2—后浇段；3—单面叠合剪力墙；
4—双面叠合剪力墙；5—外叶板；6—保温层；7—连接件

8.4.9 边缘构件的模板安装应保证后浇边缘构件部位与叠合墙板的接茬质量。

8.5 叠合楼板安装施工

8.5.1 叠合楼板安装宜采用下列施工工艺流程：

测量放线→叠合楼板支撑体系安装→检查支撑标高并调整→叠合楼板吊装及校正→调整支撑高度、校正板底标高→现浇部位模板安装→现浇部位钢筋安装和水电管线敷设→拼缝封堵处理→检查验收→混凝土浇筑及养护。

8.5.2 叠合楼板支撑体系安装及拆除应符合下列规定：

a）叠合楼板竖向支撑的间距应通过计算确定，竖向支撑基础应满足承载力要求；

b）支撑体系应具有足够的强度、刚度和稳定性；

c）叠合楼板预制底板的临时支撑应在后浇混凝土强度达到设计要求后方可拆除；

d）叠合楼板连接部位的模板和临时支撑应在后浇混凝土强度达到设计要求后方可拆除；拆模时的混凝土强度应符合《混凝土结构工程施工规范》GB 50666 的规定。

8.5.3 叠合楼板吊装应符合下列规定：

a）叠合楼板应按照专项施工方案的要求顺序吊装。

b）叠合楼板的吊点应根据设计要求布置，如无设计要求，叠合楼板不应小于 4 个吊点起吊，跨度大于 6 m 的叠合楼板不宜少于 8 个吊点起吊。吊点位置为钢筋桁架上弦与腹筋交接处，距离板边为整个板长的 1/4～1/5。

8.5.4 进行叠合楼板面层钢筋安装之前，应对已经安装的叠合楼板预制底板进行调平。

8.5.5 水电管线应严格按照国家现行相关标准及设计图纸施工，严禁三管重叠。

8.5.6 楼板面层钢筋或钢筋网片应与钢筋桁架绑扎固定。

8.5.7 在楼板混凝土浇筑之前，应对叠合楼板拼缝进行有效封堵。

8.6 其他预制构件安装施工

8.6.1 预制楼梯、阳台、空调板等构件应按吊装方案规定的顺序吊装，并采取可靠措施，确保构件吊装安全。

8.6.2 预制楼梯、阳台、空调板等构件施工操作面应有有效的安全防护措施。

8.6.3 预制楼梯、阳台、空调板等构件的安装标高和平面定位应符合设计要求。

8.6.4 按专项施工方案设置临时支撑，临时支撑应有足够的强度、刚度、稳定性及抗倾覆性能。

8.6.5 预制楼梯支座锚栓预埋前应采取可靠的定位装置，确保锚栓定位准确。

8.6.6 预制阳台、空调板等悬挑构件连接部位应在后浇混凝土的强度达到设计要求后，方可拆除临时固定措施。

8.6.7 预制构件吊装完成并验收合格后，开始敷设水电管线并绑扎现浇区域钢筋，钢筋安装应符合《混凝土结构工程施工质量验收规范》GB 50204、《混凝土结构工程施工规范》GB 50666 的规定。

8.7 混凝土浇筑

8.7.1 现场混凝土浇筑施工与质量控制应符合《混凝土结构工程施工质量验收规范》GB 50204、《混凝土结构工程施工规范》GB 50666 的规定。

8.7.2 混凝土浇筑应布料均匀，构件接缝混凝土浇筑和振捣应采取措施防止模板、钢筋、预埋件移位。预制构件节点接缝处混凝土必须振捣密实。

8.7.3 叠合墙板后浇混凝土应采取有效措施，严格控制浇筑速度，保证空腔内混凝土浇捣密实，并应符合下列规定：

　　a) 混凝土浇筑前，叠合墙板构件内部空腔必须清理干净，在混凝土浇筑之前叠合墙体内表面必须用水充分湿润且不得积水。

　　b) 现场浇筑混凝土性能应符合设计与施工要求，叠合墙空腔内后浇混凝土应符合国家现行相关标准的规定。

c）浇筑时保持水平分层浇筑，单次连续浇筑高度不应超过800 mm，浇筑速度不大于800 mm/h。振捣宜选用小直径高频振捣棒。

d）混凝土振捣宜选用小直径高频振捣棒，振捣完成后，宜静置1 h后方可进行下一层混凝土浇筑。

e）混凝土现场取样及试验要求参照本文件第9章的规定执行。

8.7.4 混凝土浇筑完成后应采取洒水、覆膜、喷涂养护剂等方式养护，养护时间应符合国家现行标准的规定。

8.8 外墙板接缝处密封防水施工

8.8.1 密封防水施工应在其之前所有工序验收合格后方可进行，伸出外墙的管道、预埋件等应在密封防水施工前安装完毕。

8.8.2 外墙板接缝处的防水处理应符合设计要求，宜选用构造防水与材料防水相结合的密封防水措施；材料防水宜采用缝内嵌填背衬材料和表面注入密封材料相结合的防水方式。

8.8.3 外墙板水平和竖向接缝宽度应满足设计要求，施工时应有控制缝宽的措施。

8.8.4 嵌缝材料性能应符合设计要求，嵌填饱满、密实、均匀、顺直，宜选用发泡氯丁橡胶或聚乙烯塑料棒作为嵌缝材料。

8.8.5 外墙板接缝所用的密封防水材料应选用耐候性密封胶。密封胶应与混凝土具有相容性，并具有防水密封性、低温柔性及防霉性等性能，其最大伸缩变形和剪切变形均应满足设计要求，并应符合下列规定：

a）产品性能满足《混凝土接缝用建筑密封胶》JC/T 881 的要求。

b）当选用硅酮类密封胶时，应满足《硅酮和改性硅酮建筑密封胶》GB/T 14683 的要求。

c）选用防水密封材料前应做防渗专项试验，试验淋水时间不小于 24 h,水流量不小于 5 L/(min·m²)。

8.8.6 外墙板接缝处密封防水施工应符合下列规定：

a) 密封防水施工前,外墙板接缝处应清理干净,保持干燥。

b) 密封防水胶的使用年限应满足设计要求,应与嵌缝材料相容,并具有弹性。

c) 密封防水胶的注胶宽度、厚度应符合设计要求,注胶应均匀、顺直、密实,表面应光滑,不应有裂缝。

9 质 量 验 收

9.1 一 般 规 定

9.1.1 装配整体式叠合剪力墙结构建筑应按《建筑工程施工质量验收统一标准》GB 50300 的规定进行单位工程、分部工程、分项工程和检验批的质量验收。

9.1.2 装配整体式叠合剪力墙结构工程应按混凝土结构子分部工程进行验收,装配式结构部分应按混凝土结构子分部工程的分项工程验收,混凝土结构子分部中其他分项工程应符合《混凝土结构工程施工质量验收规范》GB 50204 的规定进行验收。

9.1.3 装配整体式叠合剪力墙结构工程的原材料、部品、构配件均应按检验批进行进场验收。

9.1.4 装配整体式叠合剪力墙结构连接节点及叠合构件浇筑混凝土前,应进行隐蔽工程验收。隐蔽工程验收应包括下列主要内容:

a)混凝土粗糙面的质量,键槽的尺寸、数量、位置;

b)钢筋的牌号、规格、数量、位置、间距,箍筋弯钩的弯折角度及平直段长度;

c)钢筋的连接方式、接头位置、接头数量、接头面积百分率、搭接长度、锚固方式及锚固长度;

d)预埋件、预留管线的规格、数量、位置;

e)预制混凝土构件接缝处防水、防火等构造做法;

f)保温及其节点施工;

g)其他隐蔽项目。

9.1.5 装配整体式叠合剪力墙结构验收时,除应按《混凝土结构工程施工质量验收规范》GB 50204 的规定提供文件和记录外,尚应提供下列文件和记录：

    a）工程设计文件、预制构件安装施工图和加工制作详图；

    b）预制构件主要材料及配件的质量证明文件、进场验收记录、抽样复验报告；

    c）预制构件结构性能检测报告；

    d）预制构件安装施工记录；

    e）每层预制构件数量、强度统计记录；

    f）竖向及水平连接钢筋检验记录；

    g）后浇混凝土部位的隐蔽工程检查验收文件；

    h）后浇混凝土强度检测报告及混凝土强度统计表、评定表；

    i）外墙防水施工质量检验记录；

    j）装配整体式叠合剪力墙结构子分部及各分项工程质量验收文件；

    k）装配整体式叠合剪力墙结构工程的重大质量问题的处理方案和验收记录；

    l）装配整体式叠合剪力墙结构工程的其他文件和记录。

9.1.6 装配式结构分项工程质量验收记录应按本文件要求进行记录。

9.1.7 建筑节能工程的分部工程、分项工程、检验批质量验收等应符合《建筑节能工程施工质量验收标准》GB 50411 的规定。

9.1.8 装配整体式叠合剪力墙结构工程施工应按照附录 B 进行质量验收。

9.2 预 制 构 件

主 控 项 目

9.2.1 预制构件进场时应检查质量证明文件。

    检查数量：全数检查。

    检验方法：检查质量证明文件或质量验收记录。

9.2.2 专业企业生产的预制构件进场时，预制构件结构性能检验应符合下列规定。

a）梁板类简支受弯预制构件进场时应进行结构性能检验，并应符合下列规定：

ⓐ 结构性能检验应符合国家现行标准的规定及设计的要求，检验要求和试验方法应符合《混凝土结构工程施工质量验收规范》GB 50204 的规定；

ⓑ 钢筋混凝土构件应进行承载力、挠度和裂缝宽度检验；

ⓒ 对大型构件及有可靠应用经验的构件，可只进行裂缝宽度、抗裂和挠度检验；

ⓓ 对使用数量较少的构件，当能提供可靠依据时，可不进行结构性能检验；

ⓔ 对多个工程共同使用的同类型预制构件，结构性能检验可共同委托，其结果对多个工程共同有效。

b）对于不可单独使用的叠合板预制底板，可不进行结构性能检验。对于叠合梁构件，是否进行结构性能检验以及结构性能检验方式应根据设计要求确定。

c）对本条第 1、2 款之外的其他预制构件，除设计有专门要求外，进场时可不做结构性能检验。

d）本条 1、2、3 款规定中不做结构性能检验的预制构件，应采取下列措施：

ⓐ 施工单位或监理单位代表应驻厂监督生产过程；

ⓑ 当无驻厂监督时，预制构件进场时应对其主要受力钢筋数量、规格、间距、保护层厚度及混凝土强度等进行实体检验。

检验数量：同一类型预制构件不超过 1000 个为一批，每批随机抽取 1 个构件进行结构性能检验。

检验方法：检查结构性能检验报告或实体检验报告。

注："同一类型"是指同一钢种、同一混凝土强度等级、同一生产工艺和同一结构形式。抽取预制构件时，宜从设计荷载最大，受力最不利或生产数量最多的预制构件中抽取。

9.2.3 预制构件的混凝土强度应按《混凝土强度检验评定标准》

GB/T 50107 的规定进行分批评定,混凝土强度评定结果应合格。

　　检查数量:按批检查。

　　检验方法:检查混凝土强度报告及混凝土强度检验评定记录。

9.2.4　预制构件的混凝土外观质量不应有严重缺陷,且不应有影响结构性能和安装、使用功能的尺寸偏差。

　　检查数量:全数检查。

　　检验方法:观察、尺量;检查处理记录。

9.2.5　预制构件表面预贴饰面砖、石材等饰面与混凝土的粘结性能应符合设计要求和国家现行相关标准的规定。

　　检查数量:按批检查。

　　检验方法:检查拉拔强度检验报告。

一　般　项　目

9.2.6　预制构件应有标识。

　　检查数量:全数检查。

　　检查方法:观察,专用设备读取相关数据。

9.2.7　预制构件外观质量不应有一般缺陷,对出现的一般缺陷应要求构件生产单位按技术处理方案进行处理,并重新检查验收。

　　检查数量:全数检查。

　　检验方法:观察,检查技术处理方案和处理记录。

9.2.8　预制构件粗糙面的外观质量、键槽的外观质量和数量应符合设计要求。

　　检查数量:全数检查。

　　检验方法:观察,量测。

9.2.9　预制构件表面预贴饰面砖、石材等饰面与装饰混凝土饰面的外观质量应符合设计要求和国家现行标准的规定。

　　检查数量:按批检查。

　　检验方法:观察或轻击检查;与样板对比。

9.2.10　预制构件上的预埋件、预留钢筋、预留孔洞、预埋管线等规格型号、数量应符合设计要求。

检查数量：全数检查。

检验方法：观察、尺量；检查产品合格证。

9.2.11 预制墙板和预制楼板外形尺寸偏差和检验方法应分别符合表 6 和表 7 的规定。

检查数量：同一类型构件，不超过 100 个为一批，每批抽检的构件数量不应少于该规格（品种）数量的 10%，且不少于 5 件。

9.2.12 装饰构件的装饰外观尺寸偏差和检验方法应符合设计要求；当设计无具体要求时，应符合表 8 的规定。

检查数量：同一类型构件，不超过 100 个为一批，每批抽检的构件数量不应少于该规格（品种）数量的 10%，且不少于 5 件。

表 8　装饰构件外观尺寸允许偏差及检验方法

项次	装饰种类	检查项目	允许偏差（mm）	检验方法
1	通用	表面平整度	2	2 m 靠尺或塞尺检查
2		阳角方正	2	用托线板检查
3		上口平直	2	拉通线用钢尺检查
4	面砖、石材	接缝平直	3	用钢尺或塞尺检查
5		接缝深度	±5	用钢尺或塞尺检查
6		接缝宽度	±2	用钢尺检查

9.3　预制构件安装与连接

主 控 项 目

9.3.1 预制构件临时固定措施应符合设计、专项施工方案要求及国家现行标准的规定。

检查数量：全数检查。

检验方法：观察检查，检查施工方案、施工记录或设计文件。

9.3.2 装配整体式叠合剪力墙结构构件连接处后浇混凝土的强度应符合设计要求。

检查数量:对同一配合比混凝土,取样与试件留置应符合下列规定:

    a) 每拌制 100 盘且不超过 80 m³ 时,取样不得少于一次;

    b) 每工作班拌制不足 100 盘时,取样不得少于一次;

    c) 每一楼层取样不得少于一次;

    d) 每次取样应至少留置一组试件。

检验方法:应符合《混凝土强度检验评定标准》GB/T 50107 的规定。

9.3.3 钢筋采用机械连接、焊接连接时,其接头质量应分别符合《钢筋机械连接技术规程》JGJ 107、《钢筋焊接及验收规程》JGJ 18 的规定。

检查数量:应分别符合《钢筋机械连接技术规程》JGJ 107、《钢筋焊接及验收规程》JGJ 18 的规定。

检验方法:检查钢筋连接施工记录及平行试件的强度试验报告。

9.3.4 钢筋采用绑扎连接时,检验要求应符合《混凝土结构工程施工质量验收规范》GB 50204 的规定。

检查数量:全数检查。

检验方法:观察、尺量。

9.3.5 预制构件采用型钢焊接连接时,型钢焊缝的接头质量应满足设计要求,并应符合《钢结构焊接规范》GB 50661 和《钢结构工程施工质量验收标准》GB 50205 的规定。

检查数量:全数检查。

检验方法:应符合《钢结构工程施工质量验收标准》GB 50205 的规定。

9.3.6 预制构件采用螺栓连接时,螺栓的材质、规格、拧紧力矩应符合设计要求及《钢结构设计标准》GB 50017 和《钢结构工程施工质量验收标准》GB 50205 的规定。

检查数量:全数检查。

检验方法:应符合《钢结构工程施工质量验收标准》GB 50205

的规定。

9.3.7 装配整体式叠合剪力墙结构竖向连接钢筋和水平连接钢筋的安装位置、规格、数量和锚固方式应符合设计要求。

检查数量：全数检查。

检验方法：观察、尺量。

9.3.8 装配式结构分项工程的外观质量不应有严重缺陷，且不得有影响结构性能和使用功能的尺寸偏差。

检查数量：全数检查。

检验方法：观察、量测；检查处理记录。

9.3.9 外墙接缝的防水性能应符合设计要求。

检验数量：按批检验。每 1000 m² 外墙（含窗）面积应划分为一个检验批，不足 1000 m² 时也应划分为一个检验批；每个检验批应至少抽查一处，抽查部位应为相邻两层 4 块墙板形成水平和竖向十字接缝区域，面积不得小于 10 m²。

检验方法：检查现场淋水试验报告。

一 般 项 目

9.3.10 装配式结构分项工程的施工尺寸偏差及检验方法应符合设计要求；当设计无要求时，应符合表 9 的规定。

检查数量：按楼层、结构缝或施工段划分检验批。同一检验批内，对梁和柱，应抽查构件数量的 10%，且不少于 3 件；对墙和板，应按有代表性的自然间抽查 10%，且不少于 3 间；对大空间结构，墙可按相邻轴线间高度 5 m 左右划分检查面，板可按纵、横轴线划分检查面，抽查 10%，且均不少于 3 面。

表 9 预制构件安装尺寸允许偏差及检验方法

项目		允许偏差 （mm）	检验方法
构件中心线 对轴线位置	竖向构件（柱、墙、桁架）	8	经纬仪、尺量
	水平构件（梁、板）	5	

项目		允许偏差（mm）	检验方法
构件标高	梁、柱、墙、板底面或顶面	±5	水准仪或拉线、尺量
构件垂直度	柱、墙 ＜5 m	5	经纬仪、吊线、尺量
	柱、墙 ≥5 m 且＜10 m	10	
	柱、墙 ≥10 m	20	
构件倾斜度	梁、桁架	5	经纬仪、吊线、尺量
相邻构件平整度	板端面	5	2 m 靠尺和塞尺量测
	梁、板底面 外露	3	
	梁、板底面 不外露	5	
	柱墙侧面 外露	5	
	柱墙侧面 不外露	8	
构件搁置长度	梁、板	±10	尺量
支座、支垫中心位置	板、梁、柱、墙、桁架	10	尺量
墙板接缝	宽度	±5	尺量
	中心线位置	±5	尺量

9.3.11 装配整体式叠合剪力墙结构建筑的饰面外观质量应符合设计要求，并应符合《建筑装饰装修工程质量验收标准》GB 50210 的规定。

检查数量：全数检查。

检验方法：观察、对比量测。

9.4 结构实体的检验

9.4.1 装配整体式叠合剪力墙结构子分部工程验收前，对预制构件和现浇混凝土构件涉及混凝土结构安全的有代表性的部位应分别进行结构实体检验。结构实体检验应包括混凝土强度、钢筋保护层厚度、结构位置与尺寸偏差以及合同约定的项目;必要时可检验其他项目。

9.4.2 结构实体检验应由监理单位组织施工单位实施,并见证实施过程。应制定结构实体检验专项方案,并经监理单位审核批准后实施。除结构位置与尺寸偏差外的结构实体检验项目,应由具有相应资质的检测机构完成。

9.4.3 钢筋保护层厚度、结构位置与尺寸偏差应按照《混凝土结构工程施工质量验收规范》GB 50204 执行。

9.4.4 后浇混凝土的强度检验,应以在浇筑地点制备并与结构实体同条件养护的试件强度为依据。混凝土强度检验用同条件养护试件的留置、养护和强度代表值应按《混凝土结构工程施工质量验收规范》GB 50204 附录 C 的规定进行,也可按国家现行标准规定采用非破损或局部破损的检测方法检测。

9.4.5 叠合墙板空腔内现浇混凝土质量可采用超声法检测,必要时采用局部破损法对超声法检测结果进行验证。

　　a)检测内容:内部密实情况和结合面;

　　b)检测数量:按《混凝土结构现场检测技术标准》GB/T 50784 的规定确认;

　　c)检测方法:应符合《混凝土结构现场检测技术标准》GB/T 50784 的规定。

9.5　装配式混凝土结构子分部工程质量验收

9.5.1 装配整体式叠合剪力墙结构混凝土结构子分部工程施工质量验收合格应符合下列规定:

　　a)所含分项工程验收质量应合格;

　　b)有完整的全过程质量控制资料;

　　c)有关安全、节能、环境保护和主要使用功能的抽样检验结果应符合相应规定;

　　d)结构外观质量验收应合格;

e）结构实体检验应符合本文件第 9.4 节的要求。

9.5.2 当装配整体式叠合剪力墙结构子分部工程施工质量不符合要求时,应按下列要求进行处理:

a）经返工、返修或更换构件的检验批,应重新进行检验;

b）经检测单位检测鉴定达到设计要求的检验批,应予以验收;

c）经检测单位检测鉴定达不到设计要求,但经原设计单位核算并确认仍可满足结构安全和使用功能的检验批,可予以验收;

d）经返修或加固处理能够满足结构安全使用要求的分项工程,可根据技术处理方案和协商文件进行验收。

10 施工现场安全、环境及成品保护

10.1 施 工 安 全

10.1.1 装配整体式叠合剪力墙结构施工应执行国家、行业和地方的安全生产法规及企业规章制度,落实各级各类人员的安全生产责任制。

10.1.2 施工单位应根据工程施工特点对重大危险源进行识别分析,予以公示,并制定相应的安全生产应急预案。

10.1.3 施工单位应对预制构件吊装的作业人员及相关人员进行安全培训与交底,明确预制构件进场、卸车、存放、吊装、就位各环节的作业风险,并制定防止危险情况发生的处理措施。

10.1.4 安装作业前,应对安装作业区进行围护并做出明显的标识,设置警戒线,根据危险源级别安排旁站,严禁与安装作业无关的人员进入。

10.1.5 施工作业使用的专用吊具、吊索、定型工具式支撑、支架等,应进行安全验算,使用中进行定期、不定期检查,确保其安全状态。

10.1.6 吊装作业安全应符合下列规定:

  a) 吊装作业人员禁止酒后施工;

  b) 遇到雨、雪、雾天气或者风力大于 5 级时,不得进行吊装作业;

  c) 预制构件起吊后,应先将预制构件提升 300 mm 左右后,停稳构件,检查钢丝绳、吊具和预制构件状态,确认吊具安全且构件平稳后,方可缓慢提升;

  d) 高空应通过揽风绳改变预制构件方向,严禁高空直接用手扶预制构件;

43

e) 吊机吊装区域内,非作业人员严禁进入;吊运预制构件时,构件下方严禁站人,应待预制构件降落至距地面 1 m 以内方准作业人员靠近,就位固定后方可脱钩;

f) 吊装就位的预制墙板,斜支撑未固定牢固时严禁撤掉起重机吊钩。

10.1.7 施工现场"沟坑槽、深基础周边、楼层周边、楼梯侧边、平台或阳台边、屋面周边"和"楼梯口、电梯口、预留洞口、通道口"等部位应设置安全标识与防护措施。

10.2 施工环境保护

10.2.1 装配整体式叠合剪力墙结构绿色施工应满足《建筑工程绿色施工评价标准》GB/T 50640 和《建筑工程绿色施工规范》GB/T 50905 要求。

10.2.2 预制构件运输过程中,应保持车辆整洁,并减少扬尘。

10.2.3 现场各类预制构件应分类集中堆放整齐,并悬挂标识牌,做好防护隔离,且不得占用施工临时道路。

10.2.4 在施工现场应加强对废水、污水的管理,现场应设置污水池和排水沟。废水、废弃涂料等应统一处理,严禁未经处理而直接排入下水管道。

10.2.5 施工期间应严格控制噪声,符合《建筑施工场界环境噪声排放标准》GB 12523 的规定。

10.2.6 夜间施工应防止光污染对周边居民的影响。

10.2.7 预制构件安装过程中废弃物等应进行分类回收。施工中产生的胶粘剂、稀释剂等易燃易爆废弃物应及时收集送至指定储存器内并按规定回收,严禁丢弃未经处理的废弃物。

10.3 成品保护

10.3.1 装配整体式叠合剪力墙结构建筑施工全过程应采取防止预制构件、部品及预制构件上的建筑附件、预埋件等损伤或污染的保护措施。

10.3.2 装配整体式叠合剪力墙结构建筑施工全过程应做好工序交接，不得对已完成的成品、半成品造成破坏。

10.3.3 预制构件和装配式装修部品部件宜采用贴膜、泡沫板或其他材料对产品进行保护，外墙门框、窗框和带外装饰材料的表面应采用塑料贴膜防护措施。

10.3.4 预制构件暴露在空气中的预埋铁件应作防锈处理，预埋螺栓孔宜采用海绵棒进行填塞。

10.3.5 预制楼梯安装后，踏步处应采用相应的成品保护措施。

10.3.6 连接止水条、高低口、墙体转角等薄弱部位，宜采用定型保护垫块或专用式套件作加强保护。

10.3.7 当施工现场因故需停工超过 5 天时，必须完成作业层所有构件安装工作及混凝土浇筑工作后方可停工。

附 录 A

（规范性）

出厂前预制构件（叠合墙板）质量验收记录表

表 A.1、表 A.2 给出了出厂前叠合墙板隐蔽工程和产品质量验收记录的要求；表 A.3 给出了预制混凝土受弯构件结构性能检测的要求。

表 A.1 叠合墙板隐蔽工程质量验收记录表

构件编号：			隐蔽日期	年　月　日	
工程名称			检验批号		
生产线编号			生产班组		
构件名称			隐检件数		
构件清单	型号	构件编号	图纸编号	见附件照片	

隐检内容：

1. 钢筋的牌号、规格、数量、位置、间距符合设计及规范要求

2. 纵向受力钢筋的连接方式、接头位置、接头质量、接头面积百分率、搭接长度符合设计及规范要求

3. 钢筋桁架的规格、数量、位置、间距等符合设计及规范要求

4. 预埋件、吊环、插筋的规格、数量、位置符合设计及规范要求

5. 预留孔洞的规格、数量、位置等符合设计及规范要求

6. 钢筋的混凝土保护层厚度符合设计及规范要求

7. 夹芯外墙板的保温层位置、厚度、拉结件的规格、数量、位置等符合设计及规范要求

8. 预埋线管、线盒的规格、数量、位置及固定措施符合设计及规范要求

审核意见：

□ 通过检查	□ 修改后通过	□ 不同意，修改后重新检查

质量问题：

参加人员签字	监理（建设）单位/施工单位	质检员	生产线主管

本表由生产单位填报，建设单位、生产单位、施工单位、城建档案馆各保存一份

表 A.2 叠合墙板质量验收记录表

检查日期:		编号:	
单位(子单位)工程名称		分项工程名称	
生产单位		构件数量	
		构件类型	
施工执行标准名称及编号		构件批次	
验收项目	设计要求及规范规定	施工单位检查评定记录	
预制构件的外观质量检验	第6.4.1条		
预制构件预埋件、插筋、预留孔的规格、数量	第6.4.5条		
预制构件的粗糙面或键槽成型质量	第6.4.6条		
夹芯墙板的内外叶墙板之间的拉结件类别、数量、使用位置及性能	第6.4.7条		
夹芯保温外墙板用的保温材料类别、厚度、位置及性能	第6.4.8条		
混凝土强度	第6.4.9条		
预制构件检验合格后,生产企业应出具产品质量合格证,并在产品合格证和构件上标记工程名称、构件编号、制作日期、合格状态、生产单位等标识信息	第6.4.10条		

检查项目		允许偏差（mm）	最小/实际抽样数量	检查记录	检查结果
规格尺寸	高度	±4			
	宽度	±4			
	厚度	±3			
对角线差		5			
上下双层相对位置偏差		5			

检查项目			允许偏差（mm）	最小/实际抽样数量	检查记录	检查结果
外形	表面平整度	内表面	4			
		外表面	3			
	侧向弯曲		$L/1000$ 且 $\leqslant 20$			
	扭翘		$L/1000$			
预埋部件	预埋钢板	中心线位置偏移	5			
		平面高差	$0, -5$			
	预埋螺栓	中心线位置偏移	2			
		外露长度	$10, -5$			
	预埋线盒、电盒	在构件平面的水平方向中心线位置偏差	10			
		与构件表面混凝土高差	$0, -5$			
	预埋套筒、螺母	中心线位置偏移	2			
		平面高差	$0, -5$			
预留孔		中心线位置偏移	5			
		孔尺寸	± 5			
预留洞		中心线位置偏移	5			
		洞口尺寸、深度	± 5			
预留插筋		中心线位置偏移	3			
		外露长度	± 5			
吊环		中心线位置偏移	10			
		与构件表面混凝土高差	$0, -10$			
生产单位检查评定结果			生产线（施工员）：	生产线班组		
				满足规范要求		
			质检员：	年　月　日		
监理（建设）单位/施工单位验收结论			专业监理工程师/质量工程师：	年　月　日		

表 A.3 预制混凝土受弯构件结构性能检测报告

检测编号			委托编号			第 页/共 页
工程名称			生产日期			
委托单位			委托日期			
建设单位			检测日期			
施工单位			签发日期			
见证单位			见证人			
构件名称			规格型号			
使用部位			检测性能			
生产厂家			代表数量(块)			
检测地点			数量			
检测设备			检测环境温度(℃)			
检测依据						
正常使用荷载标准值				承载力检验荷载设计值		
检测结果						
序号	检测项目			计量单位	技术要求	检验结果
1	结构性能	承载力检验系数				
		挠度				
		抗裂检验系数				
		最大裂缝宽度				
2	实体检验	受力钢筋数量				
		规格				
		间距				
		混凝土保护层厚度				
		混凝土强度				
3	外观(合格点率)		%			
4	尺寸(合格点率)		%			
检测结论						
备注				检测单位	检测报告专用章	
批准		校核		检测		

注:承载力检验系数、挠度、抗裂检验系数和最大裂缝宽度等结构性能的检测需由专业的有相应资质的单位进行检测。

附 录 B

（规范性）

装配整体式叠合剪力墙结构工程施工与质量验收记录表

表 B.1、表 B.2 给出了预制构件及安装用主要配件检验批、预制构件安装检验批质量验收记录的要求；表 B.3 给出了叠合墙板预留竖向和水平向连接钢筋现场检验记录的要求；表 B.4 给出了叠合墙板标高垫片安装偏差检测记录的要求；后浇混凝土密实度和强度检测结果可按表 B.5 和表 B.6 进行记录；预制墙板淋水试验检测可按表 B.7 进行记录；装配整体式叠合剪力墙结构分项工程质量验收和工程重大质量问题处理可按表 B.8 和表 B.9 进行记录。

表 B.1 预制构件及安装用主要配件进场检验批质量验收记录表

单位（子单位）工程名称			分部（子分部）工程名称		分项工程名称	
施工单位			项目负责人		检验批容量	
分包单位			分包单位项目负责人		检验批部位	
施工依据			验收依据			
		验收项目	设计要求及规范规定	最小/实际抽样数量	检查记录	检查结果
主控项目	1	构件出厂质量合格证明文件	第9.2.1条			
	2	预制构件结构性能检验	第9.2.2条			
	3	预制构件的混凝土强度	第9.2.3条			
	4	预制构件外观质量不应有严重缺陷	第9.2.4条			
	5	预制构件表面预贴饰面砖、石材等饰面与混凝土的粘结性能	第9.2.5条			
	6	预制构件标识	第9.2.6条			
	7	预制构件外观质量不应有一般缺陷	第9.2.7条			
	8	预制构件粗糙面的外观质量、键槽的外观质量和数量	第9.2.8条			
	9	预制构件表面预贴饰面砖、石材等饰面与装饰混凝土的外观质量	第9.2.9条			
	10	预制构件上的预埋件、预留钢筋、预留孔洞、预埋管线等规格型号、数量	第9.2.10条			

		验收项目			允许偏差 (mm)	最小/实际 抽样数量	检查记录	检查 结果
一般项目	11	预制楼板	规格尺寸	长度	<12 m	±5			
					≥12 m且<18 m	±10			
					≥18 m	±20			
				宽度		±5			
				厚度		±5			
			外形	对角线差		6			
				表面平整度	内表面	4			
					外表面	3			
				楼板侧向弯曲		L/750 且 ≤20			
				扭翘		L/750			
			预埋部件	预埋钢板	中心线位置偏移	5			
					平面高差	0,−5			
				预埋螺栓	中心线位置偏移	2			
					外露长度	+10,−5			
				预埋线盒、电盒	在构件平面的水平方向中心线位置偏差	10			
					与构件表面混凝土高差	0,−5			
				预留孔	中心线位置偏移	5			
					孔尺寸	±5			
				预留洞	中心线位置偏移	5			
					洞口尺寸、深度	±5			
				预留插筋	中心线位置偏移	3			
					外露长度	±5			
				吊环	中心线位置偏移	10			
					留出长度	0,−10			
				桁架筋高度		+5,0			

		验收项目			允许偏差（mm）	最小/实际抽样数量	检查记录	检查结果
一般项目	12 预制墙板	规格尺寸	高度		±4			
			宽度		±4			
			厚度		±3			
		对角线差			5			
		上下双层相对位置偏差			5			
		外形	表面平整度	内表面	4			
				外表面	3			
			侧向弯曲		L/1000 且≤20			
			扭翘		L/1000			
		预埋部件	预埋钢板	中心线位置偏移	5			
				平面高差	0,−5			
			预埋螺栓	中心线位置偏移	2			
				外露长度	10,−5			
			预埋线盒、电盒	在构件平面的水平方向中心线位置偏差	10			
				与构件表面混凝土高差	0,−5			
			预埋套筒、螺母	中心线位置偏移	2			
				平面高差	0,−5			
		预留孔	中心线位置偏移		5			
			孔尺寸		±5			
		预留洞	中心线位置偏移		5			
			洞口尺寸、深度		±5			
		预留插筋	中心线位置偏移		3			
			外露长度		±5			
		吊环	中心线位置偏移		0,−10			
			与构件表面泥土高度					

施工单位检查结果	专业工长： 项目专业质量检查员： 年　月　日
监理单位验收结论	专业监理工程师： 年　月　日

52

表 B.2 预制构件安装检验批质量验收记录表

单位(子单位)工程名称			分部(子分部)工程名称		分项工程名称	预制构件安装
施工单位			项目负责人		检验批容量	
分包单位			分包单位项目负责人		检验批部位	
施工依据				验收依据		

		验收项目		设计要求及规范规定	最小/实际抽样数量	检查记录	检查结果
主控项目	1	吊装、临时支撑和固定措施		第9.3.1条			
	2	后浇混凝土的强度		第9.3.2条			
	3	钢筋连接		第9.3.3~9.3.4条			
	4	预制构件连接		第9.3.5~9.3.6条			
	5	叠合墙竖向和水平向连接钢筋		第9.3.7条			
	6	外观质量不应有严重缺陷		第9.3.8条			
	7	外墙接缝的防水性能		第9.3.9条			
一般项目		验收项目		允许偏差(mm)			
	8	构件中心线对轴线位置	竖向构件(柱、墙、桁架)	8			
			水平构件(梁、板)	5			
	9	构件标高	梁、柱、墙、板底面或顶面	±5			
	10	构件垂直度	柱、墙 <5 m	5			
			≥5 m且<10 m	10			
			≥10 m	20			
	11	构件倾斜度	梁、桁架	5			
	12	相邻构件平整度	板端面	5			
			梁、板底面 不外露	5			
			梁、板底面 外露	3			
			柱墙侧面 外露	5			
			柱墙侧面 不外露	8			
	13	构件搁置长度	梁、板	±10			
	14	支座、支垫中心位置	板、梁、柱、墙、桁架	10			
	15	墙板接缝	宽度	±5			
			中心线位置	±5			
施工单位检查结果				专业工长: 项目专业质量检查员: 年　月　日			
监理单位检验结论				专业监理工程师: 年　月　日			

表 B.3　叠合墙板预留竖向和水平向连接钢筋现场检验记录表

工程名称		检查部位			监理检验记录
施工单位		项目经理			
施工执行标准名称及编号		图纸名称及编号			
1	钢筋力学性能，按现行国家标准 GB/T 1499.2 的规定，抽取试件，做力学性能检验				
2	竖向和水平向连接钢筋预埋时应采取有效的定位措施				
3	竖向和水平向连接钢筋应在混凝土浇筑前进行预埋				
4	竖向和水平向连接钢筋伸入叠合墙板内的锚固长度均不应小于 $1.2l_{aE}$				
5		项目	设计要求	允许偏差（mm）	
	与叠合墙板空腔内壁净间距		不应小于 15 mm	－3	
	钢筋最小净间距	双面叠合墙板	不宜小于 40 mm	－5	
		单面叠合墙板	不宜小于 80 mm	－8	

施工单位检查结果	
	专业工长： 项目专业质量检查员： 　　　年　月　日
监理单位检验结论	
	专业监理工程师： 　　　年　月　日

表 B.4　叠合墙板标高垫片安装偏差检测记录表

序号	检查位置(层数、叠合墙板位置)	验收项目	质量要求(mm)	实测值	实测偏差	检测结论
1		位置允许偏差	5			
		标高允许偏差	±3			
		垫片规格	符合设计及规范要求			
2		位置允许偏差	5			
		标高允许偏差	±3			
		垫片规格	符合设计及规范要求			
3		位置允许偏差	5			
		标高允许偏差	±3			
		垫片规格	符合设计及规范要求			
4		位置允许偏差	5			
		标高允许偏差	±3			
		垫片规格	符合设计及规范要求			
5		位置允许偏差	5			
		标高允许偏差	±3			
		垫片规格	符合设计及规范要求			

监理单位见证人：　　　　　　　　　施工单位质量检查员：

表 B.5 后浇混凝土密实度检测结果记录表

一、工程信息

工程名称		工程地点	
委托单位		施工单位	
监理单位		建设单位	
勘察单位		设计单位	
设计要求		结构类型	

二、检测资料

检测项目		委托日期	
检测依据		后浇混凝土设计强度	
检测环境		检测日期	
检测方法			
检测部位			
检测过程概述			

检测设备	设备名称	型号	量程范围	检定有效期

三、检测结果

声速临界值(km/s)		主频临界值(kHz)	
声速平均值(km/s)		主频平均值(kHz)	
声速标准差		波幅临界值(dB)	
声速离差值		波幅平均值(dB)	

判断依据	测点总数	可疑点数

检测结论					
检测员		检测资格证		证件号码	
计量有效期		检测单位资格证		证件号码	

技术负责人：		校对：	
报告制作：		批准：	
出具报告日期：		单位公章：	

表 B.6 后浇混凝土强度检测结果记录表

工程名称		施工日期	
委托单位		抽样日期	
建设单位		检测日期	
施工单位		签发日期	
检测部位		后浇混凝土龄期(d)	
芯样尺寸		设计强度等级	
芯样状态		养护方法	
检测设备		检测环境湿度	
检测依据		检测地点	
见证单位		见证人	

检验原因：

检验结果				
钻芯构件名称及编号	芯样抗压强度（MPa）	混凝土换算强度（MPa）	芯样试件破坏形式	检测部位混凝土换算强度代表值（MPa）
备注		检测单位		（盖章）

技术负责：　　　　　　　　　　校核：　　　　　　　　检验：

表 B.7 预制墙板淋水试验记录表

编号:工程名称			淋水部位		
淋水日期	年　月　日		验收日期	年　　月　　日	

试验抽样信息:

试验方法及内容:

试验结论:

复查结论:

参加人员 签字	施工单位		项目技术负责人	质检员	施工员
	监理(建设)单位				
			建设单位项目专业技术负责人		

表 B.8 装配整体式叠合剪力墙结构分项工程质量验收表

工程名称		分项工程名称		验收部位	
施工单位		专业工长		项目技术负责人	
分包单位		分包单位负责人		分包项目经理	
序号		检验批部位	施工单位检查评定记录	监理（建设）单位验收记录	
1					
2					
3					
4					
5					
6					
7					
8					
9					
检验结果		项目专业技术负责人： 年　月　日	验收结论	监理工程师： （建设单位项目专业技术负责人） 年　月　日	

表 B.9 装配整体式叠合剪力墙结构工程项目重大质量问题处理记录表

项目名称				
建设单位			施工单位	
监理单位			设计单位	
检查单位			整改通知编号	
责任单位			责任人	
施工部位			完成时间	
问题描述			整改情况	
序号	整改前照片		整改后照片	
1				
2				
3				
参建单位盖章	建设单位		监理单位	
	施工单位		设计单位	

注:本报告由工程建设(监理)单位负责跟踪处理,报工程质量监督员核查。

湖北省地方标准

装配整体式叠合剪力墙结构施工及质量验收规程

条文说明

目　次

4 总　　则

4.0.1　为落实"节能、降耗、安全、绿色"的基本国策,实现资源、能源的可持续发展,推动湖北省建筑产业现代化进程,提高建筑工业化水平,本文件参照国家已颁布实施的《装配式混凝土建筑技术标准》GB/T 51231、《装配整体式混凝土叠合剪力墙结构技术规程》DB42/T 1483 等技术标准,并结合湖北省实际情况制定,其目的是规范和加强预制构件生产、装配整体式叠合剪力墙结构体系的施工和质量验收的过程管理,确保预制构件产品品质和施工安装质量,促进建筑产业现代化的健康持续发展。

5 基 本 规 定

5.0.1 装配式建筑最基本的特征是系统性和集成性。通过系统集成的方法，以完整的建筑产品为对象，进行预制构件设计、工厂化生产、装配化施工和质量验收等工作，并编制科学合理的实施方案，实现设计、生产运输、施工安装和使用维护全过程的一体化管理。

5.0.2 预制构件的质量是工程质量和结构安全的基本保障，装配整体式叠合剪力墙结构体系下的预制构件生产单位应建立产品质量标准及全面质量管理、安全保证和环保的管理体系，健全和贯彻执行施工质量控制，并宜配备有砂石等原材料、混凝土强度和钢筋力学性能等基本试验检验条件的试验室，确保建筑结构体系的安全和预制构件的质量。

5.0.4 深化设计应结合构件制作、运输和施工安装的要求进行构件标准化拆分和可靠性连接设计。深化设计宜从规划设计阶段开始，并采用 BIM 技术建立模型、绘制构件制作图和进行图纸检查，综合考虑建筑设计、构件制作等因素，减少错漏碰缺，实现总效益最大化。深化设计文件应经原设计单位认可。

5.0.6 装配整体式叠合剪力墙工程项目宜采用 EPC 工程总承包管理模式，以有利于整个项目的统筹规划和协同运作。

　　EPC 工程总承包管理模式下应建立首件验收制度，预制构件首次生产或间隔较长时间重新生产时，工程项目部应会同建设单位、设计单位、总包单位、监理单位共同进行首件验收，确保该批预制构件质量合格。

6 预制构件生产

6.1 一般规定

6.1.1 预制构件用原材料的种类较多,在组织生产前应充分了解图纸设计要求,并通过试验合理选用材料,以满足预制构件的各项性能要求。

预制构件生产单位应要求原材料供货方提供满足要求的技术证明文件,证明文件包括出厂合格证和检验报告等,有特殊性能要求的原材料应由双方在合同中给予明确说明。

原材料质量的优劣对预制构件的质量起着决定性作用,生产单位应认真做好原材料的进货验收工作。首批或连续跨年进货时应核查供货方提供的型式检验报告,生产单位还应对其质量证明文件的真实性负责,如果存档的质量证明文件是伪造的或不真实的,根据相关标准的规定,生产单位也应承担相应的责任。质量证明文件的复印件存档时,还需加盖原件存放单位的公章,并由存放单位经办人签字。

6.1.2 水泥、骨料(砂、石)、外加剂、掺合料等原材料应按照国家标准进行复检试验,经检测合格后方可使用。混凝土原材料应按品种分类存放,并应符合下列规定:

a) 散装水泥和掺合料应存放在筒仓内,不同生产单位、不同品种、不同强度等级的原材料不得混仓,储存时应保持密封、干燥、防止受潮;

b) 砂、石应按不同品种、规格分类存放,并应有防混料、防尘和防雨等措施;

c) 外加剂应按不同生产企业、不同品种分类存放,并采取有效防止沉淀等的措施。

6.1.8 首件检验与验收是指结构较复杂的预制构件或新型构件首次生产或间隔较长时间重新生产时,生产单位需会同建设单位、设计单位、施工单位、监理单位共同进行首件验收,重点检查模具、构件、预埋件、混凝土浇筑成型中存在的问题,确认该批预制构件生产工艺是否合理,质量能否得到保障,共同验收合格之后方可批量生产。

6.2 生 产 制 作

6.2.1 本条规定了钢筋半成品、钢筋网片、钢筋骨架安装的尺寸偏差和检测方法。安装后还应及时检查钢筋的品种、级别、规格、数量。

6.3 构件成型与养护

6.3.1 本条规定了混凝土浇筑前应进行的隐检内容,是保证预制构件满足结构性能的关键质量控制环节。

6.3.6 条件允许的情况下,预制构件优先推荐自然养护。采用加热养护时,应按照合理的养护制度进行,避免预制构件出现温差裂缝。

6.4 预制构件检验

6.4.4 本条规定了主要涉及预制构件定型尺寸和定位尺寸的控制要求,是指预制构件需要严格控制的关键部位尺寸偏差。

7 预制构件运输与存放

7.1 一般规定

7.1.1 预制构件运输与堆放时，如支承位置设置不当，可能造成构件开裂等。支承点位置应根据规定进行计算、复核。按标准图生产的构件，支承点应按标准图设置。

7.1.2 本条的规定主要是为了运输安全和保护预制构件。道路、桥梁的实际条件包括荷重限值及限高、限宽、转弯半径等，运输线路的制定还要考虑交通管理方面的相关规定。构件运输时同样应满足本文件关于堆放的规定。

7.1.3 本条的规定主要是为了保护堆放中的预制构件。当垫木放置位置与脱模、吊装的起吊位置一致时，可不再单独进行使用验算，否则需根据堆放条件进行验算。堆垛的安全性、稳定性特别重要，在构件生产企业及施工现场均应特别注意。

7.2 构件运输

7.2.2 预制混凝土构件应选用专用运输车辆运输，并应制订预制构件的运输计划及方案，选择正确支垫位置，装车时支点搁置正确，支点的位置和数量应按设计要求进行。一般等截面构件在长度 1/5 处，板的搁置点在距端部 200～300 mm 处；其他构件视受力情况而定，搁置点应靠近节点处。构件与车身、构件与构件之间应设有板条、草袋等隔离体，避免运输时构件滑动、碰撞。预制墙板宜采用直立方式运输，并应采用专用托架，同时采取措施防止预制墙板发生倾覆。对于超高、超宽、形状特殊的大型构件的运输和码放应制定专门质量安全保证方案和措施，应事先到有关单位办理准运手续，并应错开车辆流动高峰期。

7.3 预制构件存放

7.3.1 预制构件运送到施工现场后,现场运输道路和堆放堆场应平整、坚实,并应有排水措施。构件的存放场地宜为混凝土硬化地面,按照型号、出厂日期、构件所在部位、施工吊装顺序分别设置存放场地,现场堆放场地应设置在起重机械工作半径范围内。

8 主体结构施工

8.1 一 般 规 定

8.1.1 装配整体式叠合剪力墙结构主体施工前应编制专项施工方案,主要内容如下:

 a) 工程概况;

 b) 编制依据;

 c) 施工进度计划;

 d) 资源配置计划;

 e) 施工现场平面布置;

 f) 构件进场验收;

 g) 安装与连接施工;

 h) 预制构件安装安全保证措施;

 i) 预制构件安装质量保证措施;

 j) 绿色施工与环境保护措施;

 k) 信息化管理;

 l) 应急预案。

装配整体式叠合剪力墙结构施工方案应全面系统,且应结合装配式建筑特点和一体化建造的具体要求,本着资源节省、人工减少、质量提高、工期缩短的原则制定装配方案。施工场地布置包括场内循环通道、吊装设备布设、构件码放场地等;安装与连接施工包括测量方法、吊装顺序和方法、构件安装方法、节点施工方法、防水施工方法、后浇混凝土施工方法、全过程的成品保护及修补措施等;安全管理包括吊装安全措施、专项施工安全措施等;质量管理包括构件安装的专项施工质量管理,渗漏、裂缝等质量缺陷防治措施。

8.2 整体施工工艺流程

8.2.1 为实现科学的施工程序和合理的施工顺序,采用"七步一循环"管理手段,即:构件进场验收→构件堆放→施工前准备工作→预制构件吊装施工→钢筋绑扎→模板安装→混凝土浇筑养护,科学配置资源,合理布置现场,实现装配化施工,提升质量,保证安全,得到合理的经济技术指标。

8.3 安 装 准 备

8.3.1 安装施工前,应结合深化设计图纸核对已施工完成结构的外观质量、尺寸偏差、混凝土强度和预留预埋等条件是否满足上层构件的安装要求,并应复核待安装预制构件的混凝土强度及预制构件和配件的型号、规格、数量等是否符合设计要求。

8.3.3 装配式混凝土建筑施工前,宜选择一个具有代表性的单元进行预制构件试安装。试安装的主要内容如下:

a) 确定试安装的代表性单元部位和范围;

b) 依据施工计划内容,列出所有构件及部品部件并确认到场;

c) 准备好试安装部位所需设备、工具、设施、材料、配件等;

d) 组织好相关工种人员;

e) 进行试安装前安全技术交底;

f) 试安装过程的技术数据记录;

g) 测定每个构件、部件的单个安装时间和所需人员数量;

h) 判定吊具的合理性、支撑系统在施工中的可操作性;

i) 检验所有构件之间连接的可靠性,确定各个工序间的衔接性;

j) 检验施工方案的合理性、可行性,并通过安装优化施工方案。

8.4 叠合墙板安装施工

8.4.1 水平标高垫块宜采用定型化工具确保构件标高、安装位置，垫片规格、型号符合设计及规范要求。

8.4.5 叠合墙板吊装：

a）应按照安装图和事先确定好的安装顺序进行吊装，应从离吊车或塔吊最远的构件开始起吊；

b）构件吊离地面 300 mm 时稍作停顿，观察构件是否吊平，若未吊平则应落下调整吊点吊具，直至构件平稳后方可指挥塔吊匀速上行；

c）构件吊装下落至楼面 1000 mm 时稍作停顿，虚扶墙体引导下落；

d）构件吊装下落至楼面 500 mm 处时稍作停顿，对钢筋进行调整对位；

e）构件吊装下落至地面 200 mm 处时稍作停顿，对墙体进行调整、初步定位；

f）构件下落放置在水平标高垫片上时，需进行调整，直到墙体平面精准定位为止。

8.4.6 叠合墙板斜支撑的安装、固定：

a）每块叠合墙板至少需要两个斜支撑来固定，斜支撑上部通过专用螺栓与预制墙板上部 2/3 高度处预埋件连接，斜支撑下部与地面（或楼板）用膨胀螺栓或预埋件进行锚固；斜支撑与水平面的夹角在 40°～50°之间；

b）安装过程中，必须在确保两个斜支撑安装牢固后方可解除墙板上的吊车吊钩。墙板的垂直度调整通过两根斜支撑上的螺纹套管调整来实现，两根斜支撑要同时调整。

8.4.7 根据设计图纸要求先进行叠合墙板安装，再进行现浇边缘构件的钢筋绑扎，边缘构件作为叠合墙板的连接节点，需要对成型质量进行控制。

8.4.9 确认构件安装精度符合要求之后，进行边缘构件模板安装,宜采用定型化模板,安装时应保证模板与叠合墙板的搭接长度符合要求,模板的连接应严密,模板内不应有杂物、积水或冰雪等;模板与叠合墙板接触面应平整、严密。模板安装应按照现行国家标准《混凝土结构工程施工质量验收规范》GB 50204 进行验收。

8.5 叠合楼板安装施工

8.5.2 叠合楼板竖向支撑的最大设置间距应通过计算确定,并在楼板面上标出相应点位,竖向支撑应支在有足够承载力的地面(楼面)上。

8.5.3 叠合楼板的安装顺序应按照构件平面拆分图进行,并有利于起吊和安全,应先吊装边缘处楼板。起吊的时候至少要有 4 个吊点,吊点位置为钢筋桁架上弦与腹筋交接处,距离板边为整个板长的 1/4~1/5;需用专用索链和 4 个闭合吊钩来平均分担受力,多点均衡起吊。跨度大于 6 m 的叠合楼板采用 8 点起吊。

8.5.5 水电管线合理布置,应保证管线之间的最小间距,管线弯曲半径应符合相关规范要求,且不得占用梁的有效截面面积。

8.5.6 水电管线预留预埋经验收合格后,可进行楼板上层钢筋的安装,楼板上层钢筋或钢筋网片置于桁架钢筋上弦钢筋上,并与之绑扎固定,以防止偏移和混凝土浇筑时上浮。钢筋安装完成后宜设置定型化马道,并做好对已铺设的楼板钢筋、模板的保护,不得在钢筋网片上行走或踩踏。禁止随意扳动、切断桁架钢筋。

8.5.7 在叠合楼板混凝土浇筑之前,应对叠合楼板底部拼缝及其与叠合墙板阴角衔接处的缝隙进行检查。缝隙较小时进行塞缝处理;缝隙较大时采用模板进行加固封堵。当叠合楼板之间采用后浇带连接时,应加强对后浇带模板与支撑的检查。

8.6 其他预制构件安装施工

8.6.1 预制楼梯、阳台应按吊装方案规定的顺序进行吊装,吊点的选择应符合设计要求,确保构件吊装安全。

8.7 混凝土浇筑

8.7.3 本条规定了叠合墙板空腔内混凝土浇筑的速度、浇筑高度及振捣要求,其目的是确保叠合墙空腔内混凝土密实度及成型质量。

8.8 外墙板接缝处密封防水施工

8.8.5 本条中的防渗专项试验是指在叠合墙空腔混凝土浇筑之前进行的淋水试验,主要是检验密封材料的防水性能。

9 质 量 验 收

9.1 一 般 规 定

9.1.2 当装配整体式叠合剪力墙结构工程存在现浇混凝土施工段时,应按现行国家标准《混凝土结构工程施工质量验收规范》GB 50204 的规定进行其他分项工程和检验批的验收。

9.1.4 本条规定的验收内容涉及采用后浇混凝土连接及采用叠合构件的装配整体式结构,隐蔽工程反映钢筋、现浇结构分项工程施工的综合质量,后浇混凝土处的钢筋既包括预制构件外伸的钢筋,也包括后浇混凝土中设置的纵向钢筋和箍筋。在浇筑混凝土之前进行隐蔽工程验收是为了确保其连接构造性能满足设计要求。

9.2 预 制 构 件

9.2.1 本条对预制构件的质量提出了基本要求。

对专业企业生产的预制构件,进场时应检查质量证明文件。质量证明文件包括产品合格证明书、混凝土强度检验报告及其他重要检验报告等;预制构件的钢筋、混凝土原材料、预埋件等均应参照本文件及国家现行相关标准的规定进行检验,其检验报告在预制构件进场时可不提供,但应在构件生产企业存档保留,以便需要时查阅。对于进场时不做结构性能检验的预制构件,质量证明文件尚应包括预制构件生产过程的关键验收记录。

对总承包单位制作的预制构件,没有"进场"的验收环节,其材料和制作质量应按本文件各章的规定进行验收。对构件的验收方式为检查构件制作中的质量验收记录。

9.2.2 本条规定了专业企业生产预制构件进场时的结构性能检

验要求。结构性能检验通常应在构件进场时进行,但为检验方便,工程中多在各方参与下在预制构件生产场地进行。考虑构件特点及加载检验条件,本条仅提出了梁板类简支受弯预制构件的结构性能检验要求;其他预制构件除设计有专门要求外,进场时可不做结构性能检验。对用于叠合楼板、叠合梁的梁板类受弯预制构件(叠合底板、底梁),是否进行结构性能检验、结构性能检验的方式应根据设计要求确定。对多个工程共同使用的同类型预制构件,也可在多个工程的施工单位、监理单位见证下共同委托进行结构性能检验,其结果对多个工程共同有效。

受弯预制构件的抗裂、变形及承载力性能的检验要求和检验方法应符合现行国家标准《混凝土结构工程施工质量验收规范》GB 50204 的规定。

本条还对简支梁板类受弯预制构件提出了结构性能检验的简化条件。大型构件一般指跨度大于 18 m 的构件;可靠应用经验指该单位生产的标准构件在其他工程中已多次应用,如预制楼梯、预制空心板、预制双 T 板等;使用数量较少一般指数量在 50 件以内,近期完成的合格结构性能检验报告可作为可靠依据。不做结构性能检验时,尚应满足本条第 4 款的规定。对所有进场时不做结构性能检验的预制构件,可通过施工单位或监理单位代表驻厂监督生产的方式进行质量控制,此时构件进场的质量证明文件应经监督代表确认。当无驻厂监督时,预制构件进场时应对预制构件主要受力钢筋数量、规格、间距及混凝土强度、混凝土保护层厚度等进行实体检验,具体可按以下原则执行:

a) 实体检验宜采用非破损方法,也可采用破损方法,非破损方法应采用专业仪器并符合国家现行相关标准的规定;

b) 检查数量可根据工程情况由各方商定,一般情况下,可以不超过 1000 个同类型预制构件为一批,每批抽取构件数量的 2%且不少于 5 个构件;

c) 检查方法应符合现行国家标准《混凝土结构工程施工质量验收规范》GB 50204 的规定。

对所有进场时不做结构性能检验的预制构件,进场时的质量证明文件宜增加构件生产过程检查文件,如钢筋隐蔽工程验收记录等。

9.2.4 对于预制构件的严重缺陷,影响结构性能和安装、使用功能的尺寸偏差,以及拉结件类别、数量和位置有不符合设计要求的情形应作退场处理。如经设计同意可以进行修理使用,则应制定处理方案并获得监理确认后,由预制构件生产单位按技术处理方案处理,修理后重新验收。

9.2.5 预制构件外贴材料等应在进场时按设计要求对预制构件进行全数检查,合格后方可使用,避免在构件安装时发现问题而造成不必要的损失。

9.2.6 预制构件的标识宜采用智能芯片、二维码等。预制构件表面的标识应清晰、可靠,以确保能够识别预制构件的"身份",并在施工全过程中对发生的质量问题可追溯。预制构件表面的标识内容一般包括生产单位、构件型号、生产日期、质量验收标志等,如有必要,尚需通过约定标识表示构件在结构中安装的位置和方向、吊运过程中的朝向等。

9.2.7 预制构件的外观质量一般缺陷应按产品标准规定全数检验;当构件没有产品标准或现场制作时,应按现浇结构构件的外观质量要求来检查和处理。

9.2.8 装配整体式结构中预制构件与后浇混凝土结合的界面称为结合面,具体可为粗糙面和键槽两种形式。有需要时,还应在键槽、粗糙面上配置抗剪或抗拉钢筋等,以确保结构的整体性。

9.2.9 预制构件的装饰外观质量应在进场时按照设计要求对预制构件进行全数检查,合格后方可使用。如果出现偏差,应和设计单位协商相应处理方案,如设计不同意处理则应作退场报废处理。

9.2.10 本条给出的预制构件上的预留孔、预留洞、预埋件、预留插筋、键槽位置偏差的基本要求应进行全数检查,合格后方可使用,避免在构件安装时发现问题而造成不必要的损失。如具体工程要求高于本条规定时,应按设计要求或合同规定执行。

9.2.11～9.2.12 预制构件尺寸偏差应进行抽样检验。如具体工程要求高于标准规定时,应按设计要求或合同规定执行。

9.3 安装与连接

9.3.1 临时固定措施是装配式混凝土结构安装过程中承受施工荷载、保证构件定位、确保施工安全的有效措施;临时支撑是常用的临时固定措施,包括水平构件下方的临时竖向支撑、水平构件两端支撑构件上设置的临时牛腿,竖向构件的临时斜撑等。在设计文件中,应包含预制构件深化设计图纸。

预制构件临时固定措施应按照设计及施工方案要求进行全数检查,竖向构件的斜支撑应检查支撑点位的位置、杆件连接的牢固性、丝杆的外露长度等;水平构件的支撑架体应检查立杆的位置及标高、杆件的布置间距、架体连接的牢固性等。

9.3.2 装配整体式叠合剪力墙结构节点区的后浇混凝土质量控制非常重要,不但要求其与预制构件的结合面紧密结合,还要求其自身浇筑密实,更重要的是要控制混凝土强度指标。

当后浇混凝土和现浇混凝土结构采用相同强度等级混凝土浇筑时,可以采用现浇结构的混凝土试块强度进行评定;对有特殊要求的后浇混凝土应单独制作试块进行检验评定。

9.3.7 装配整体式叠合剪力墙结构竖向连接钢筋和水平向连接钢筋应全数检查,并应对钢筋预埋的位置、锚固长度等进行检查。

9.3.8 装配式混凝土结构的外观质量除设计有专门的规定外,尚应符合现行国家标准《混凝土结构工程施工质量验收规范》GB 50204中关于现浇混凝土结构的规定。

对于出现的严重缺陷及影响结构性能和安装、使用功能的尺寸偏差,处理方式应按现行国家标准《混凝土结构工程施工质量验收规范》GB 50204 的规定执行。

9.3.9 装配式混凝土结构的接缝防水施工是非常关键的质量检验内容,是保证装配式外墙防水性能的关键,施工时应按设计要求进行选材和施工,并采取严格的检验验证措施。此项验收内容与结构施工密切相关,因此应按设计及有关防水施工要求进行验收。

外墙板接缝的现场淋水试验应在精装修进场前完成,并应满足下列要求:淋水量应控制在 5 L/(m・min)以上,持续淋水时间为 24 h。某处淋水试验结束后,若背水面存在渗漏现象,则应对该检验批的全部外墙板接缝进行淋水试验,并对所有渗漏点进行整改处理,整改完成后需重新对渗漏的部位进行淋水试验,直到不再出现渗漏点为止。

9.4 结构实体的检验

9.4.2 结构实体检验应包括混凝土强度、钢筋保护层厚度、结构位置与尺寸偏差以及合同约定的项目,必要时可检验其他项目,除结构位置与尺寸偏差外的结构实体检验项目,应由具有相应资质的检测机构完成。预制构件实体性能检验报告应由构件生产单位提交施工总承包单位,并由专业监理工程师审查备案。

9.4.5 当超声法检测结果不合格或对检测结果有质疑或受现场条件限制不能采用超声法检测时,可采用局部破损法予以验证及检验。本条规定了叠合墙板空腔内混凝土质量检验方法,检验批划分可参照附表1:

附表 1 混凝土结构计数抽样检测的最小样本容量

检验批的 容量	检测类别和样本最小容量			检验批的 容量	检测类别和样本最小容量		
	A	B	C		A	B	C
2～8	2	2	3	501～1200	32	80	125
9～15	2	3	5	1201～3200	50	125	200
16～25	3	5	8	3201～10000	80	200	315
26～50	5	8	13	10001～35000	125	315	500
51～90	5	13	20	35001～150000	200	500	800
91～150	8	20	32	150001～500000	315	800	1250
151～280	13	32	50	＞500000	500	1250	2000
281～500	20	50	80	—	—	—	—

注:检测类别A适用于一般施工质量的检测,检测类别B适用于结构质量或者性能的检测,检测类别C适用于结构质量或性能的严格检测或者复检。

9.5 装配整体式混凝土结构子分部工程质量验收

9.5.1 根据现行国家标准《建筑工程施工质量验收统一标准》GB 50300 的规定,给出了装配整体式混凝土结构子分部工程质量的合格条件。其中,外观质量验收应按照本规范第 9 章的规定检查。

9.5.2 本条对装配整体式叠合剪力墙结构子分部工程施工质量验收不合格,提出了 4 种不同的验收方法。

10 施工现场安全、环境及成品保护

10.1 施工安全

10.1.2 施工企业应对危险源进行辨识、分析,提出应对处理措施,制定应急预案,并根据应急预案进行演练。

10.1.4 构件吊运时,吊机回转半径范围内,为非作业人员禁止入内区域,以防坠物伤人。

10.1.5 装配式构件或体系选用的支撑应经计算符合受力要求,架身组合后,需经验收合格、挂牌后再使用。

10.2 施工环境保护

10.2.4 严禁施工现场产生的废水、污水不经处理就直接排放。

10.2.5 《中华人民共和国环境噪声污染防治法》指出:在城市市区范围内周围生活环境排放建筑施工噪声的,应当符合国家规定的建筑施工场界环境噪声排放标准。

10.2.6 预制构件安装过程中常见的光污染主要是可见光、夜间现场照明灯光、汽车前照灯光、电焊产生的强光等。可见光的亮度过高或过低,对比过强或过弱时,都有损人体健康。

10.3 成品保护

10.3.2 交叉作业时,应做好工序交接,做好已完成部位移交单,各工种之间明确责任主体。

10.3.3 饰面砖保护应选用无退色或污染的材料,以防揭膜后,饰面砖表面被污染。

10.3.5 本条规定了预制楼梯安装后,应对台阶做必要的保护。施工现场可采用木模板或定型化装置进行成品保护。